Claude Bernard

Définition
de la vie

Les théories anciennes et la science moderne

ISBN : 978-1722297985

10 9 8 7 6 5 4 3 2 1

Claude Bernard

Définition de la vie

Les théories anciennes et la science moderne

Table de Matières

Section I

Dès la plus haute antiquité, des philosophes ou des médecins célèbres ont regardé les phénomènes qui se déroulent dans les êtres vivants comme émanés d'un principe supérieur et immatériel agissant sur la matière inerte et obéissante. Telle est la pensée de Pythagore, de Platon, d'Aristote, d'Hippocrate, acceptée plus tard par les philosophes et les savants mystiques du moyen âge, Paracelse, Van-Helmont et par les scolastiques. Cette conception atteignit dans le cours du XVIIIe siècle son apogée de faveur et d'influence avec le célèbre médecin Stahl, qui lui donna une forme plus nette en créant l'*animisme*. L'animisme a été l'expression outrée de la spiritualité de la vie ; Stahl fut le partisan déterminé et le plus dogmatique de ces idées perpétuées depuis Aristote. On peut ajouter qu'il en fut le dernier représentant ; l'esprit moderne n'a pas accueilli une doctrine dont la contradiction avec la science était devenue trop manifeste.

D'un autre côté, et par opposition aux idées qui précèdent, nous voyons, avant même que la physique et la chimie fussent constituées, et que l'on connût les phénomènes de la matière brute, les tendances philosophiques, en avance sur les faits, essayer d'établir l'identité entre les phénomènes des corps inorganiques et ceux des corps vivants. Cette conception est le fond de l'atomisme de Démocrite et d'Épicure. Les atomistes ne reconnaissent pas d'intelligence motrice, le monde se meut par lui-même éternellement. Ils ne considèrent qu'une seule espèce de matière, dont les éléments, grâce à leurs figures, jouissent de la propriété de former, en s'attachant les uns aux autres, les combinaisons les plus diverses, et de constituer les corps inorganiques et sans vie, aussi bien que les êtres organisés qui vivent et sentent comme les animaux, qui sont raisonnables et libres comme l'homme. Cette seconde hypothèse affecta ainsi dès son début une forme exclusivement matérialiste ; mais, chose remarquable, les philosophes les plus convaincus de la spiritualité de l'âme, tels que Descartes et Leibniz, ne devaient pas tarder d'adopter une façon de voir analogue qui attribuait au jeu des forces brutes toutes les manifestations saisissables de l'activité vitale. La raison de cette apparente contradiction réside dans la séparation presque absolue qu'ils établirent entre l'âme et le corps.

Descartes a donné une définition métaphysique de l'âme et une définition physique de la vie. L'âme est le principe supérieur qui se manifeste par la pensée, la vie n'est qu'un effet supérieur des lois de la mécanique. Le corps humain est une machine formée de ressorts, de leviers, de canaux, de filtres, de cribles, de pressoirs. Cette machine est faite pour elle-même ; l'âme s'y ajoute pour contempler en simple spectatrice ce qui se passe dans le corps, mais elle n'intervient en rien dans le fonctionnement vital. Les idées de Leibniz, au point de vue physiologique, ont beaucoup d'analogie avec celles de Descartes. Comme lui, il sépare l'âme du corps, et, quoiqu'il admette entre eux une concordance préétablie par Dieu, il leur refuse toute espèce d'action réciproque. « Le corps, dit-il, se développe mécaniquement, et les lois mécaniques ne sont jamais violées dans les mouvements naturels ; tout se fait dans les âmes comme s'il n'y avait pas de corps, et tout se fait dans le corps comme s'il n'y avait pas d'âme. »

Stahl comprit tout autrement la nature des phénomènes de la vie et les rapports de l'âme et du corps. Dans les actes vitaux, il rejette toutes les explications qui leur seraient communes avec les phénomènes mécaniques, physiques et chimiques de la matière brute. Célèbre chimiste lui-même, il combat avec beaucoup de puissance et d'autorité surtout les exagérations des médecins-chimistes ou iatro-chimistes, tels que Sylvius de Le Boë, Willis, etc., qui expliquaient tous les phénomènes de la vie par des actions chimiques : fermentations, alcalinités, acidités, effervescences. Il soutient que non-seulement les forces chimiques sont différentes des forces qui régissent les phénomènes de la vie, mais qu'elles sont en antagonisme avec elles, et qu'elles tendent à détruire le corps vivant au lieu de le conserver. Il faut donc, suivant Stahl, une force vitale qui conserve le corps contre l'action des forces chimiques extérieures qui tendent sans cesse à l'envahir et à le détruire ; la vie est le triomphe de celles-ci sur celles-là. Par ces idées, Stahl fonda le *vitalisme*, mais il ne s'arrêta pas à ce terme : ce n'était qu'un premier pas dans la voie qui devait le conduire à l'animisme. Cette force vitale, dit-il, qui sans cesse lutte contre les forces physiques, agit avec intelligence, dans un dessein calculé, pour la conservation de l'organisme. Or, si la force vitale est intelligente, pourquoi la distinguer de l'âme raisonnable ? Basile

Valentin et son disciple Paracelse avaient multiplié sans mesure l'existence de principes immatériels intelligents, les *archées*, qui réglaient les phénomènes du corps vivant. Van-Helmont, le plus célèbre représentant de ces doctrines archéiques, qui allia avec le génie expérimental l'imagination la plus déréglée dans ses écarts, avait conçu toute une hiérarchie de ces principes immatériels. Au premier rang se trouvait l'âme raisonnable et immortelle se confondant en Dieu, ensuite l'âme sensitive et mortelle, ayant pour agent un autre archée principal, qui lui-même commandait à une foule d'archées subalternes, *les blas*. Stahl, qui à un siècle de distance est le continuateur de Van-Helmont, simplifie toutes ces conceptions de principes intelligents, d'esprits recteurs ou d'archées. Il n'admet qu'une seule âme, l'âme immortelle, chargée en même temps du gouvernement corporel. L'âme est pour lui le principe même de la vie. La vie est un des modes de fonctionnement de l'âme, c'est son *acte vivifique*. L'âme immortelle, force intelligente et raisonnable, gouverne directement la matière du corps, la met en œuvre, la dirige vers sa fin. C'est elle qui non-seulement dicte nos actes volontaires, mais c'est elle qui fait battre le cœur, circuler le sang, respirer le poumon, sécréter les glandes. Si l'harmonie de ces phénomènes est troublée, si la maladie survient, c'est que l'âme n'a pas rempli ses fonctions, ou n'a pu résister efficacement aux causes extérieures de destruction. Une semblable doctrine avait quelque chose d'étrange et de contradictoire, car l'action d'une âme raisonnable sur les actes vitaux semble supposer une direction consciente, et l'observation la plus simple nous apprend que toutes les fonctions de nutrition, — circulation, sécrétions, digestion, etc., — sont inconscientes et involontaires, comme si, selon l'expression d'un physiologiste philosophe, la nature avait voulu par prudence soustraire ces importants phénomènes aux caprices d'une volonté ignorante. L'animisme de Stahl était donc empreint d'une exagération qui porta ses successeurs, sinon à l'abandonner, au moins à le modifier profondément.

Les idées de Descartes et celles de Stahl avaient fait dans la science une impression profonde et créé deux courants qui devaient arriver jusqu'à nous. Descartes avait posé les premiers principes et appliqué les lois mécaniques au jeu de la machine du corps de l'homme ; ses adeptes étendirent et précisèrent les explications mécaniques des divers phénomènes vitaux. Parmi les plus célèbres de ces iatro-mécaniciens, il faut citer au premier rang Borelli, ensuite Pitcairn, Hales, Keil, surtout Boerhaave, dont l'influence fut prépondérante. De son côté, l'iatro-chimie, qui n'est qu'une face de la doctrine cartésienne, poursuivit sa marche et fut définitivement fondée à l'avènement de la chimie moderne. Descartes et Leibniz avaient posé en principe que partout les lois de la mécanique sont identiques ; qu'il n'y a pas deux mécaniques, l'une pour les corps bruts, l'autre pour les corps vivants. A la fin du siècle dernier, Lavoisier et Laplace vinrent démontrer qu'il n'y a pas non plus deux chimies, l'une pour les corps bruts, l'autre pour les êtres vivants. Ils prouvèrent expérimentalement que la respiration et la production de chaleur ont lieu dans le corps de l'homme et des animaux par des phénomènes de combustion tout à fait semblables à ceux qui se produisent pendant la calcination des métaux.

C'est vers la même époque que Bordeu, Barthez, Grimaud, brillaient dans l'école de Montpellier. Ils étaient les successeurs de Stahl ; néanmoins ils ne conservèrent que la première partie de la doctrine du maître, le vitalisme, et en répudièrent la seconde, l'animisme. Contrairement à Stahl, ils veulent que le principe de la vie soit distinct de l'âme ; mais avec lui ils admettent une force vitale, un principe vital recteur dont l'unité donne la raison de l'harmonie des manifestations vitales, et qui agit en dehors des lois de la mécanique, de la physique et de la chimie.

Cependant le vitalisme se modifia peu à peu dans sa forme ; la *doctrine des propriétés vitales* marqua une époque importante dans l'histoire de la physiologie. Au lieu de conceptions métaphysiques qui avaient régné jusque-là, voici une conception physiologique qui cherche à expliquer les manifestations vitales par les propriétés mêmes de la matière des tissus ou des organes. Déjà à la fin du XVIIe siècle Glisson avait désigné *l'irritabilité* comme cause immédiate des mouvements de la fibre vivante. Bordeu, Grimaud et Barthez avaient entrevu plus ou moins vaguement la même idée. Haller attacha son nom à la découverte de cette faculté motrice en nous faisant connaître ses mémorables expériences sur l'irritabilité et la sensibilité des diverses parties du corps. Toutefois c'est seulement au commencement de ce siècle que Xavier Bichat, par une illumination du génie, comprit que la raison des phénomènes vitaux devait être cherchée non pas dans un principe d'ordre supérieur immatériel, mais au contraire dans les propriétés de la matière, au sein de laquelle s'accomplissent ces phénomènes. Sans doute Bichat n'a pas défini les propriétés vitales, il leur donne des caractères vagues et obscurs ; son génie, comme il arrive souvent, n'est pas d'avoir découvert les faits, c'est d'en avoir compris le sens en émettant le premier cette idée générale, lumineuse et féconde, qu'en physiologie comme en physique les phénomènes doivent être rattachés à des propriétés comme à leur cause. « Le rapport des propriétés comme causes avec les phénomènes comme effets, dit-il dans la préface de son *Anatomie générale*, est un axiome presque fastidieux à répéter aujourd'hui en physique et en chimie ; si mon livre établit un axiome analogue dans les sciences physiologiques, il aura rempli son but. » Puis, continuant, il ajoute : « Il y a dans la nature deux classes d'êtres, deux classes de propriétés, deux classes de sciences. Les êtres sont organiques ou inorganiques ; les propriétés sont vitales ou non vitales, les sciences sont physiques ou physiologiques… »

Il importe ici et dès l'abord de bien comprendre la pensée de Bichat. On pourrait croire qu'il va se rapprocher des physiciens et des chimistes, puisqu'il place comme eux la cause des phénomènes dans les propriétés de la matière ; c'est le contraire qui arrive, et Bichat s'en éloigne et s'en sépare d'une manière aussi complète que possible. En effet, le but poursuivi dans tous les temps par les iatro-mécaniciens, physiciens ou chimistes, a été d'établir une ressemblance, une identité entre les phénomènes des corps vivants et ceux des corps inorganiques. A rencontre de ceux-ci, Bichat pose en principe que les propriétés vitales sont absolument opposées aux propriétés physiques, de sorte qu'au lieu de passer dans le camp des physiciens et des chimistes, il reste vitaliste avec Stahl et l'école de Montpellier. Comme eux, il considère que la vie est une lutte entre des actions opposées ; il admet que les propriétés vitales conservent le corps vivant en entravant les propriétés physiques qui tendent à le détruire. Quand la mort survient, ce n'est que le triomphe des propriétés physiques sur leurs antagonistes. Bichat d'ailleurs résume complètement ses idées dans la définition qu'il donne de la vie : *la vie est l'ensemble des fonctions qui résistent à la mort*, ce qui signifie en d'autres termes : la vie est l'ensemble des propriétés vitales qui résistent aux propriétés physiques.

Cette vue qui consiste à considérer les propriétés vitales comme des espèces d'entités métaphysiques qu'on ne définit pas clairement, mais qu'on oppose aux propriétés physiques ordinaires, a entraîné sans doute la recherche dans les mêmes erreurs que les autres théories vitalistes. Cependant la conception de Bichat, dégagée des erreurs presque inévitables à son époque, n'en reste pas moins une conception de génie sur laquelle s'est fondée la physiologie moderne. Avant lui, les doctrines philosophiques, animistes ou vitalistes, planaient de trop haut et de trop loin sur la réalité pour pouvoir devenir les initiatrices fécondes de la science de la vie ; elles n'étaient capables que de l'engourdir en jouant le rôle de ces sophismes paresseux qui régnaient jadis dans l'école. Bichat au contraire, en décentralisant la vie, en l'incarnant dans les tissus, et en rattachant ses manifestations aux propriétés de ces mêmes tissus, les a, si l'on veut, placés sous la dépendance d'un principe encore métaphysique, mais moins élevé en dignité philosophique, et pouvant devenir une base scientifique plus accessible à l'esprit de recherche et de progrès. Bichat, en un mot, s'est trompé, comme les vitalistes ses prédécesseurs, sur la théorie de la vie ; mais il ne s'est pas trompé sur la méthode physiologique. C'est sa gloire de l'avoir fondée en plaçant dans les propriétés des tissus et des organes les causes immédiates des phénomènes de la vie.

Les idées de Bichat produisirent en physiologie et en médecine une révolution profonde et universelle. L'école anatomique en sortit, poursuivant avec ardeur dans les propriétés vitales des tissus sains et altérés l'explication des phénomènes de la santé et de maladie. D'un autre côté les progrès des méthodes physiques, les découvertes brillantes de la chimie moderne, jetant une vive lumière sur les fonctions vitales, venaient chaque jour protester contre la séparation et l'opposition radicales que Bichat, ainsi que les vitalistes, avait cru voir entre les phénomènes organiques et les phénomènes inorganiques de la nature.

C'est ainsi que nous trouvons encore près de nous dans Bichat et dans Lavoisier les représentants des deux grandes tendances philosophiques opposées que nous avons démêlées dès l'antiquité, à l'origine même de la science, l'une cherchant à réduire les phénomènes de la vie aux lois de la chimie, de la physique, de la mécanique, l'autre voulant au contraire les distinguer et les placer sous la dépendance d'un principe particulier, d'une puissance spéciale, quel que soit le nom qu'on lui donne, d'âme, d'archée, de psyché, de médiateur plastique, d'esprit recteur, de force vitale ou de propriétés vitales. Cette lutte, déjà si vieille, n'est donc pas encore finie ; mais comment devra-t-elle finir ? L'une des doctrines arrivera-t-elle à triompher de l'autre et à dominer sans partage ? Je ne le pense pas. Les progrès des sciences ont pour résultat d'affaiblir graduellement, et dans une égale mesure, ces premières conceptions exclusives nées de notre ignorance. L'inconnu faisant seul leur forcé, à mesure qu'il disparaît, les luttes doivent cesser, les doctrines opposées s'évanouir, et la vérité scientifique qui les remplace régner sans rivale.

Section II

Nous pouvons dire de Bichat, comme de la plupart des grands promoteurs de la science, qu'il a eu le mérite de trouver la formule pour les conceptions flottantes de son temps. Toutes les idées de ses contemporains sur la vie, toutes leurs tentatives pour la définir ne sont en quelque sorte que l'écho ou la paraphrase de sa doctrine. Un chirurgien de l'école de Paris, Pelletan, enseigne que la vie est la résistance opposée par la matière organisée aux causes qui tendent sans cesse à la détruire. Cuvier lui-même développe la même pensée, que la vie est une force qui résiste aux lois qui régissent la matière brute ; la mort ne serait que le retour de la matière vivante sous l'empire de ces lois. Ce qui distingue le cadavre du corps vivant, c'est ce principe de résistance qui soutient ou qui abandonne la matière organisée, et pour donner une forme plus saisissante à son idée, Cuvier nous représente le corps d'une femme dans l'éclat de la jeunesse et de la santé subitement atteinte par la mort. « Voyez, dit-il, ces formes arrondies et voluptueuses, cette souplesse gracieuse des mouvements, cette douce chaleur, ces joues teintes de roses, ces yeux brillants de l'étincelle de l'amour ou du feu du génie, cette physionomie égayée par les saillies de l'esprit ou animée par le feu des passions ; tout semble se réunir pour en faire un être enchanteur. Un instant suffit pour détruire ce prestige : souvent, sans cause apparente, le mouvement et le sentiment viennent à cesser, le corps perd sa chaleur, les muscles s'affaissent et laissent paraître les saillies anguleuses des os ; les yeux deviennent ternes, les joues et les lèvres livides. Ce ne sont là que les préludes de changements plus horribles : les chairs passent au bleu, au vert, au noir ; elles attirent l'humidité, et pendant qu'une portion s'évapore en émanations infectes, une autre s'écoule en sanie putride qui ne tarde pas à se dissiper aussi ; en un mot, au bout d'un petit nombre de jours, il ne reste plus que quelques principes terreux et salins ; les autres éléments se sont dispersés dans les airs et dans les eaux pour entrer dans d'autres combinaisons. » « Il est clair, ajoute Cuvier, que cette séparation est l'effet naturel de l'action de l'air, de l'humidité, de la chaleur, en un mot de tous les agents extérieurs sur le corps mort, et qu'elle a sa cause dans l'attraction élective des divers agents pour les éléments qui le composaient. Cependant ce corps en était également entouré pendant la vie ; leurs affinités pour ses molécules étaient les mêmes, et celles-ci y eussent cédé également, si elles n'avaient pas été retenues ensemble par une force supérieure à ces affinités, qui n'a cessé d'agir sur elles qu'à l'instant de la mort. »

Ces idées de contraste et d'opposition entre les forces vitales et les forces extérieures physico-chimiques, que nous retrouvons dans la doctrine des propriétés vitales, avaient déjà été exprimées par Stahl, mais en un langage obscur et presque barbare ; exposées par Bichat avec une lumineuse simplicité et un grand charme de style, ces mêmes idées séduisirent et entraînèrent tous les esprits. Bichat ne se contente point d'affirmer l'antagonisme des deux ordres de propriété qui se partagent la nature ; mais en les caractérisant les unes et les autres il les oppose d'une manière saisissante. « Les propriétés physiques des corps, dit-il, sont éternelles. A la création, ces propriétés s'emparèrent de la matière, qui en restera constamment pénétrée dans l'immense série des siècles. Les propriétés vitales sont au contraire essentiellement temporaires ; la matière brute en passant par les corps vivants s'y pénètre de ces propriétés qui se trouvent alors unies aux propriétés physiques ; mais ce n'est pas là une alliance durable, car il est de la nature des propriétés vitales de s'épuiser ; le temps les use dans le même corps. Exaltées dans le premier âge, restées comme stationnaires dans l'âge adulte, elles s'affaiblissent et deviennent nulles dans les derniers temps. On dit que Prométhée, ayant formé quelques statues d'hommes, déroba le feu du ciel pour les animer. Ce feu est l'emblème des propriétés vitales : tant qu'il brûle la vie se soutient ; elle s'anéantit quand il s'éteint. »

C'est uniquement de ce contraste dans la nature et dans la durée des propriétés physiques et des propriétés vitales que Bichat déduit tous les caractères distinctifs des êtres vivants et des corps bruts, toutes les différences entre les sciences qui les étudient. Les propriétés physiques étant éternelles, dit-il, les corps bruts n'ont ni commencement ni fin nécessaires, ni âge, ni évolution ; ils n'ont de limites que celles que le hasard leur assigne. Les propriétés vitales étant au contraire changeantes et d'une durée limitée, les corps vivants sont mobiles et périssables ; ils ont un commencement, une naissance, une mort, des âges, en un mot une évolution qu'ils doivent parcourir. Les propriétés vitales se trouvant constamment en lutte avec les propriétés physiques, le corps vivant, théâtre de cette lutte, en subit les alternatives. La maladie et la santé ne sont autre chose que les péripéties de ce combat : si les propriétés physiques triomphent définitivement, la mort en est la conséquence ; si au contraire les propriétés vitales reprennent leur empire, l'être vivant guérit de sa maladie, cicatrise ses plaies, répare son organisme et rentre dans l'harmonie de ses fonctions. Dans les corps bruts, rien de semblable ne s'observe ; ces corps restent immuables comme la mort dont ils sont l'image. De là une distinction profonde entre les sciences qu'il nomme vitales et celles qu'il appelle non vitales. Les propriétés physico-chimiques étant fixes, constantes, les lois des sciences qui en traitent sont également constantes et invariables ; on peut les prévoir, les calculer avec certitude. Les propriétés vitales ayant pour caractère essentiel l'instabilité, toutes les fonctions vitales étant susceptibles d'une foule de variétés, on ne peut rien prévoir, rien calculer dans leurs phénomènes. D'où il faut conclure, dit Bichat, « que des lois absolument différentes président à l'une et à l'autre classe de phénomènes. »

Telle est, dans ses grands traits et avec ses conséquences, la doctrine des propriétés vitales, qui a longtemps dominé dans l'école malgré les justes critiques dont elle est passible. Nous allons examiner brièvement si la division des phénomènes en deux grands groupes, telle que l'établit la doctrine dont Bichat s'est fait l'éloquent défenseur, est bien fondée, et si elle ne serait pas plutôt une conception systématique que l'expression de la vérité. D'abord est-il vrai que les corps de la nature inorganique soient éternels et que les corps vivants seuls soient périssables ; n'y aurait-il pas entre eux de simples différences de degrés qui nous font illusion par leur grande disproportion ? Il est certain par exemple que la vie d'un éléphant peut paraître l'éternité par rapport à la vie d'un éphémère, et quand nous considérons la vie de l'homme relativement à la durée du milieu cosmique qu'il habite, elle doit nous paraître un instant dans l'infini du temps. Les anciens ont pensé ainsi : ils opposaient le monde vivant, où tout est sujet au changement et à la mort, au monde sidéral, immuable et incorruptible. Cette doctrine de l'incorruptibilité des cieux a régné jusqu'au XVIIe siècle. Les premières lunettes permirent alors de constater l'apparition d'une nouvelle étoile dans la constellation du Serpentaire ; ce changement dans le ciel, accompli pour ainsi dire sous les yeux de l'observateur, commença d'ébranler la croyance des anciens : *materiam cœli esse inalterabilem.* Aujourd'hui l'esprit des astronomes est familiarisé avec l'idée d'une mobilité et d'une évolution continuelle du monde sidéral. « Les astres n'ont pas toujours existé, dit M. Faye ; ils ont eu une période de formation ; ils auront pareillement une période de déclin, suivie d'une extinction finale. » L'éternité des corps sidéraux invoquée par Bichat n'est donc pas réelle ; ils ont une évolution comme les corps vivants, évolution lente, si on la compare à notre vie pressée, évolution qui embrasse une durée hors de proportion avec celle que nous sommes habitués à considérer autour de nous. D'un autre côté, les astronomes, avant de connaître les lois des mouvements des corps célestes, avaient imaginé des puissances, des forces sidérales, comme les physiologistes reconnaissaient des forces et des puissances vitales. Kepler lui-même admettait un *esprit recteur sidéral* par l'influence duquel « les planètes suivent dans l'espace des courbes savantes sans heurter les astres qui fournissent d'autres carrières, sans troubler l'harmonie réglée par le divin géomètre.

Si les corps vivants ne sont pas seuls soumis à la loi d'évolution, la faculté de se régénérer, de se cicatriser, ne leur est pas non plus exclusive, quoique ce soit sur eux qu'elle se manifeste plus activement. Chacun sait qu'un organisme vivant, quand il a été mutilé, tend à se refaire suivant les lois de sa morphologie spéciale : la blessure se cicatrise dans l'animal et dans la plante, la perte de substance se comble, et l'être se rétablit dans sa forme et son unité. Ce phénomène de reconstitution, de *rédintégration*, a profondément frappé les philosophes naturalistes, et ils ont beaucoup insisté sur cette tendance de la vie à l'individualité, qui fait de l'être vivant un tout harmonique, une sorte de petit monde dans le grand. Quand l'harmonie de l'édifice organique est troublée, elle tend à se rétablir ; mais il n'est pas nécessaire d'invoquer, pour expliquer ces faits, une force, une propriété vitale en contradiction avec la physique. Les corps minéraux en effet se montrent doués de cette même unité morphologique, de cette même tendance à la rétablir. Les cristaux comme les êtres vivants ont leurs formes, leur plan particulier, et ils sont susceptibles d'éprouver les actions perturbatrices du milieu ambiant. La force physique qui range les particules cristallines suivant les lois d'une savante géométrie a des résultats analogues à celle qui range la substance organisée sous la forme d'un animal ou d'une plante. M. Pasteur a signalé des faits de cicatrisation, de rédintégration cristalline, qui méritent toute notre attention. Il étudia certains cristaux et les soumit à des mutilations qu'il a vues se réparer très rapidement et très régulièrement. Il résulte de l'ensemble de ses recherches que « lorsqu'un cristal a été brisé sur l'une quelconque de ses parties et qu'on le replace dans son eau-mère, on voit, en même temps que le cristal s'agrandit dans tous les sens par un dépôt de particules cristallines, un travail très actif avoir lieu sur la partie brisée ou déformée, et en quelques heures il a satisfait, non-seulement à la régularité du travail général sur toutes les parties du cristal, mais au rétablissement de la régularité dans la partie mutilée. » Ces faits remarquables de rédintégration cristalline se rapprochent complètement de ceux que présentent les êtres vivants lorsqu'on leur fait une plaie plus ou moins profonde. Dans le cristal comme dans l'animal, la partie endommagée se cicatrise, reprend peu à peu sa forme primitive, et dans les deux cas le travail de reformation des tissus est en cet endroit bien plus actif que dans les conditions évolutives ordinaires. Les brèves considérations que nous venons d'exposer et que nous pourrions développer à l'infini nous semblent suffisantes pour montrer que la ligne profonde de démarcation que les vitalistes ont voulu établir entre les corps bruts au point de vue de leur durée, de leur évolution et de leur rédintégration formative, n'est pas fondée. Quant à la lutte qu'ils ont supposée entre les forces ou les propriétés physiques et les forces ou les propriétés vitales, elle est l'expression d'une erreur profonde.

La doctrine des propriétés vitales enseigne qu'on ne trouve dans les corps bruts qu'un seul ordre de propriétés, les propriétés physiques, et que dans les corps vivants on en rencontre deux espèces, les propriétés physiques et les propriétés vitales, constamment en lutte, en antagonisme et tendant à prédominer les unes sur les autres. « Pendant la vie, dit Bichat, les propriétés physiques, enchaînées par les propriétés vitales, sont sans cesse retenues dans les phénomènes qu'elles tendraient à produire. » Il résultera logiquement de cet antagonisme que plus les propriétés vitales auront d'empire et domineront dans un organisme vivant, plus les propriétés physicochimiques y seront vaincues et atténuées, et que, réciproquement, les propriétés vitales s'y montreront d'autant plus affaiblies que les propriétés physiques acquerront plus de puissance. C'est précisément la proposition contraire qui exprime la vérité, et cette vérité a été surabondamment démontrée par les travaux de Lavoisier et de ses successeurs. La vie est au fond l'image d'une combustion, et la combustion n'est elle-même qu'une série de phénomènes chimiques, auxquels sont reliées d'une manière directe des manifestations calorifiques lumineuses et vitales. Qu'on supprime de l'atmosphère l'oxygène, l'agent des combustions, aussitôt la flamme s'éteint, aussitôt la vie s'arrête. Si l'on vient à diminuer ou à augmenter la quantité du gaz comburant, les phénomènes vitaux aussi bien que les phénomènes chimiques de combustion seront exaltés ou atténués dans la même proportion. Ce n'est donc pas un antagonisme qu'il faut voir entre les phénomènes chimiques et les manifestations vitales ; c'est au contraire un parallélisme parfait, une liaison harmonique et nécessaire. Dans toute la série des êtres organisés, l'intensité des manifestations vitales est dans un rapport direct avec l'activité des manifestations chimiques organiques. De tous côtés, les preuves se présentent d'elles-mêmes. Quand l'homme ou l'animal est saisi par le froid, les phénomènes chimiques de combustion organique s'abaissent d'abord ; puis les mouvements se ralentissent, la sensibilité, l'intelligence, s'émoussent et disparaissent, l'engourdissement est complet. Au réveil de cette léthargie, les fonctions vitales reprennent, mais toujours parallèlement à la réapparition des phénomènes chimiques. Quand la vie se suspend chez un infusoire desséché et qu'elle se rétablit sous l'influence de quelques gouttes d'eau, ce n'est pas que la dessiccation ait attaqué la vie ou les propriétés vitales, c'est parce que l'eau nécessaire à la réalisation des phénomènes physiques et chimiques fait défaut à l'organisme. Quand Spallanzani a ressuscité, en les humectant, des rotifères desséchés depuis trente ans, il a simplement fait reparaître dans leur corps les phénomènes physiques et chimiques qui s'y étaient arrêtés pendant trente années. L'eau n'a apporté rien autre chose, ni force ni principe.

Comment pourrions-nous comprendre un antagonisme, une opposition entre les propriétés des corps vivants et celles des corps bruts, puisque les éléments constituants de ces deux ordres de corps sont les mêmes ? Buffon, voulant s'expliquer la différence des êtres organisés et des êtres inorganiques, avait été logique en supposant chez les premiers une substance organique élémentaire spéciale dont seraient dépourvus les seconds. La chimie a complètement renversé cette hypothèse en prouvant que tous les corps vivants sont exclusivement formés d'éléments minéraux empruntés au milieu cosmique. Le corps de l'homme, le plus complexe des corps vivants, est matériellement constitué par quatorze de ces éléments. On comprend bien que ces quatorze corps simples puissent, en s'unissant, en se combinant de toutes les manières, engendrer des combinaisons infinies et former des composés doués des propriétés les plus variées ; mais ce qu'on ne concevrait pas, c'est que ces propriétés fussent d'un autre ordre ou d'une autre essence que ces combinaisons elles-mêmes.

En résumé, l'opposition, l'antagonisme, la lutte admise entre les phénomènes vitaux et les phénomènes physico-chimiques par l'école vitaliste est une erreur dont les découvertes de la physique et de la chimie modernes ont fait amplement justice.

Il y a plus, la doctrine vitaliste ne repose pas seulement sur des hypothèses fausses, sur des faits erronés ; elle est par sa nature contraire à l'esprit scientifique. En voulant créer deux ordres de sciences, les unes pour les corps bruts, les autres pour les corps vivants, cette doctrine aboutit purement et simplement à nier la science elle-même. Bichat, nous le savons déjà, pose en principe que les lois des sciences physiques sont absolument opposées aux lois des sciences vitales. Dans les premières, tout serait fixe et invariable ; dans les secondes, tout serait variable et inconstant. La divergence entre ces deux ordres de sciences doit les laisser étrangères les unes aux autres et les rendre incapables de se prêter aucun secours. C'est la conclusion à laquelle arrive nécessairement Bichat. « Comme les sciences physiques et chimiques, dit-il, ont été perfectionnées avant les physiologiques, on a cru éclaircir les unes en y associant les autres ; on les a embrouillées. C'était inévitable, car appliquer les sciences physiques à la physiologie, c'est expliquer par les lois des corps inertes les phénomènes des corps vivants. Or voilà un principe faux ; donc toutes les conséquences doivent être marquées au même coin. » Si maintenant nous demandons quels sont les caractères propres à cette science des êtres vivants, Bichat nous répond : « C'est une science dont les lois sont, comme les fonctions vitales elles-mêmes, susceptibles d'une foule de variétés, qui échappe à toute espèce de calcul, dans laquelle on ne peut rien prévoir ou prédire, dans laquelle nous n'avons que des approximations le plus souvent incertaines. » Ce sont là des hérésies scientifiques d'une énormité telle qu'on aurait de la peine à les comprendre, si l'on ne voyait comment la logique d'un système a dû fatalement y conduire. Reconnaître que les phénomènes vitaux ne sauraient être soumis à aucune loi précise, à aucune condition fixe et déterminée, et admettre que ces phénomènes ainsi définis constituent une science vitale qui elle-même a pour caractère d'être vague et incertaine, c'est abuser étrangement du mot *science*. Il semble qu'il n'y ait rien à répondre à de pareils raisonnements, parce qu'ils ne sont eux-mêmes que la négation et l'absence de tout esprit scientifique.

Cependant que de fois n'a-t-on pas reproduit des arguments analogues, combien de médecins ont professé que la physiologie et la médecine ne seraient jamais que des demi-sciences, des sciences conjecturales, parce qu'on ne pourrait jamais saisir le principe de la vie ou le génie secret des maladies ! Ces affirmations, qui viennent encore retentir à nos oreilles comme des échos lointains de doctrines surannées, ne sauraient plus nous arrêter. Descartes, Leibniz, Lavoisier, nous ont appris que la matière et ses lois ne diffèrent pas dans les corps vivants et dans les corps bruts ; ils nous ont montré qu'il n'y a au monde qu'une seule mécanique, une seule physique, une seule chimie, communes à tous les êtres de la nature. Il n'y a donc pas deux ordres de sciences. Toute science digne de ce nom est celle qui, connaissant les lois précises des phénomènes, les prédit sûrement et les maîtrise quand ils sont à sa portée. Tout ce qui reste en dehors de ce caractère n'est qu'empirisme ou ignorance, car il ne saurait y avoir des demi-sciences ni des sciences conjecturales. C'est une erreur profonde de croire que dans les corps vivants nous ayons à nous préoccuper de l'essence même et du principe de la vie. Nous ne pouvons remonter au principe de rien, et le physiologiste n'a pas plus affaire avec le principe de la vie que le chimiste avec le principe de l'affinité des corps. Les causes premières nous échappent partout, et partout également nous ne pouvons atteindre que les causes immédiates des phénomènes. Or ces causes immédiates, qui ne sont que les conditions mêmes des phénomènes, sont susceptibles d'un déterminisme aussi rigoureux dans les sciences des corps vivants que dans les sciences des corps bruts. Il n'y a aucune différence scientifique dans tous les phénomènes de la nature, si ce n'est la complexité ou la délicatesse des conditions de leur manifestation qui les rendent plus ou moins difficiles à distinguer et à préciser. Tels sont les principes qui doivent nous diriger. Aussi conclurons-nous sans hésiter que la dualité établie par l'école vitaliste dans les sciences des corps bruts et des corps vivants est absolument contraire à la science elle-même. L'unité règne dans tout son domaine. Les sciences des corps vivants et celles des corps bruts ont pour base les mêmes principes et pour moyens d'études les mêmes méthodes d'investigation.

Section III

Si les doctrines vitalistes ont succombé par l'erreur essentielle de leur principe de dualisme ou d'antagonisme entre la nature vivante et la nature inorganique, le problème subsiste toujours. Nous avons à répondre à cette question séculaire : qu'est-ce que la vie ? ou encore à cette autre : qu'est-ce que la mort ? car ces deux questions sont étroitement liées et ne sauraient être séparées l'une de l'autre.

L'être vivant est essentiellement caractérisé par *la nutrition*. L'édifice organique est le siège d'un perpétuel mouvement nutritif, mouvement intestin qui ne laisse de repos à aucune partie ; chacune, sans cesse ni trêve, s'alimente dans le milieu qui l'entoure et y rejette ses déchets et ses produits. Cette rénovation moléculaire est insaisissable pour le regard direct ; mais, comme nous voyons le début et la fin, l'entrée et la sortie des substances, nous en concevons les phases intermédiaires, et nous nous représentons un courant de matières qui traverse continuellement l'organisme et le renouvelle dans sa substance en le maintenant dans sa forme. Ce mouvement, qu'on a appelé le *tourbillon vital*, le *circulus matériel* entre le monde organique et le monde inorganique, existe chez la plante aussi bien que chez l'animal, ne s'interrompt jamais et devient la condition et en même temps la cause immédiate de toutes les autres manifestations vitales. L'universalité d'un tel phénomène, la constance qu'il présente, sa nécessité, en font le caractère fondamental de l'être vivant, le signe plus général de la vie. On ne sera donc pas étonné que quelques physiologistes aient été tentés de le prendre pour définir la vie elle-même.

Toutefois ce phénomène n'est pas simple ; il importe de l'analyser, d'en pénétrer plus profondément le mécanisme, afin de préciser l'idée que son examen superficiel peut nous donner de la vie. Le mouvement nutritif comprend deux opérations distinctes, mais connexes et inséparables : l'une par laquelle la matière inorganique est fixée ou incorporée aux tissus vivants comme partie intégrante, l'autre par laquelle elle s'en sépare et les abandonne. Ce double mouvement incessant n'est en définitive qu'une alternative perpétuelle de *vie* et de *mort*, c'est-à-dire de destruction et de renaissance des parties constituantes de l'organisme. Les vitalistes n'ont point compris la nutrition. Les uns, imbus de l'idée que la vie a pour essence de résister à la mort, c'est-à-dire aux forces physiques et chimiques, devaient croire naturellement que l'être vivant, arrivé à son plein développement, n'avait plus qu'à se maintenir dans l'équilibre le plus stable possible en neutralisant l'influence destructive des agents extérieurs ; les autres, comprenant mieux le phénomène et appréciant la perpétuelle mutation de l'organisme, ont refusé d'admettre que ce mouvement de rénovation moléculaire fût produit par les forces générales de la nature, et ils l'ont attribué à une force vitale. Ni les uns ni les autres n'ont vu que c'était précisément la destruction organique, opérée sous l'influence des forces physiques et chimiques générales, qui provoque le mouvement incessant d'échange et devient ainsi la cause de la réorganisation.

Les actes de destruction organique ou de désorganisation se révèlent immédiatement à nous ; les signes en sont évidents, ils éclatent au dehors et se répètent à chaque manifestation vitale. Les actes d'assimilation ou d'organisation au contraire restent tout intérieurs et n'ont presque point d'expression phénoménale ; ils président à une synthèse organique qui rassemble d'une manière silencieuse et cachée les matériaux qui seront dépensés plus tard dans les manifestations bruyantes de la vie. C'est une vérité bien remarquable et bien essentielle à saisir que ces deux phases du circulus nutritif se traduisent si différemment, l'organisation restant latente et la désorganisation ayant pour signe sensible tous les phénomènes de la vie. Ici l'apparence nous trompe, comme presque toujours ; ce que nous appelons phénomène de vie est au fond un phénomène de mort organique.

Les deux facteurs de la nutrition sont donc l'assimilation et la désassimilation, autrement dit l'*organisation* et la *désorganisation*. La désassimilation accompagne toujours la manifestation vitale. Quand chez l'homme et chez l'animal un mouvement survient, une partie de la substance active du muscle se détruit et se brûle ; quand la sensibilité et la volonté se manifestent, les nerfs s'usent, quand la pensée s'exerce, le cerveau se consume, etc. On peut ainsi dire que jamais la même matière ne sert deux fois à la vie. Lorsqu'un acte est accompli, la parcelle de matière vivante qui a servi à le produire n'est plus. Si le phénomène reparaît, c'est une matière nouvelle qui lui a prêté son concours. L'usure moléculaire est toujours proportionnée à l'intensité des manifestations vitales. L'altération matérielle est d'autant plus profonde ou considérable que la vie se montre plus active. La désassimilation rejette de la profondeur de l'organisme des substances d'autant plus oxydées par la combustion vitale que le fonctionnement des organes a été plus énergique. Ces oxydations ou combustions engendrent la chaleur animale, donnent naissance à l'acide carbonique qui s'exhale par le poumon, et à différents produits qui s'éliminent par les autres émonctoires de l'économie. Le corps s'use, éprouve une consomption et une perte de poids qui traduisent et mesurent l'intensité de ses fonctions. Partout, en un mot, la destruction physico-chimique est unie à l'activité fonctionnelle, et nous pouvons regarder comme un axiome physiologique la proposition suivante : *toute manifestation d'un phénomène dans l'être vivant est nécessairement liée à une destruction organique.*

Une telle loi, qui enchaîne le phénomène qui se produit à la matière qui se détruit, ou, pour mieux dire, à la substance qui se transforme, n'a rien qui soit spécial au monde vivant ; la nature physique obéit à la même règle.

Un être vivant qui est dans la plénitude de son activité fonctionnelle ne nous manifeste donc pas l'énergie plus grande d'une force vitale mystérieuse ; il nous offre simplement dans son organisme la pleine activité des phénomènes chimiques de combustion et de destruction organique. Quand Cuvier nous dépeint la vie s'épanouissant dans le corps d'une jeune femme, il a tort de croire avec les vitalistes que les forces ou les propriétés physiques et chimiques sont alors domptées ou maintenues par la force vitale. Au contraire, toutes les forces physiques sont déchaînées, l'organisme brûle et se consume plus vivement, et c'est pour cela même que la vie brille de tout son éclat.

Stahl a dit avec raison que les phénomènes physiques et chimiques détruisent le corps vivant et le conduisent à la mort ; mais la vérité lui a échappé pour ne pas avoir vu que les phénomènes de destruction vitale sont eux-mêmes les instigateurs et les précurseurs de la rénovation matérielle qui se dérobe à nos yeux dans l'intimité des tissus. En même temps en effet que les phénomènes de combustion se traduisent avec éclat par les manifestations vitales extérieures, le processus formatif s'opère dans le silence de la vie végétative. Il n'a d'autre expression que lui-même, c'est-à-dire qu'il ne se révèle que par l'organisation et la réparation de l'édifice vivant. On a dès l'antiquité comparé la vie à un flambeau. Cette métaphore est devenue de nos jours, grâce à Lavoisier, une vérité. L'être qui vit est comme le flambeau qui brûle ; le corps s'use, la matière du flambeau se détruit ; l'un brille de la flamme physique, l'autre brille de la flamme vitale. Toutefois, pour que la comparaison fût rigoureuse, il faudrait concevoir un flambeau physique capable de durer, qui se renouvelât et se régénérât comme le flambeau vital. La combustion physique est un phénomène isolé, en quelque sorte accidentel, n'ayant dans la nature de liaisons harmoniques qu'avec lui-même. La combustion vitale au contraire suppose une régénération corrélative, phénomène de la plus haute importance dont il nous reste à tracer les caractères principaux.

Le mouvement de régénération ou de synthèse organique nous offre deux modes principaux. Tantôt la synthèse assimile la substance ambiante pour en faire des principes nutritifs, tantôt elle en forme directement les éléments des tissus. C'est ainsi que nous voyons, à côté de la formation des produits immédiats de la synthèse chimique, apparaître des phénomènes de mues ou de rénovations histologiques, tantôt continues, tantôt périodiques. Les phénomènes de régénération, de rédintégration, de réparation, qui se montrent chez l'individu adulte sont de la même nature que les phénomènes de génération et d'évolution par lesquels l'embryon constitue à l'origine ses organes et ses éléments anatomiques. L'être vivant est donc caractérisé à la fois par la génération et par la nutrition ; il faut réunir et confondre ces deux ordres de phénomènes, et, au lieu d'en créer deux catégories distinctes, nous en faisons un acte unique dont l'essence et les mécanismes sont tout pareils. C'est dans cette pensée que l'on a pu dire avec raison que *la nutrition n'était qu'une génération continuée*. Synthèse organique, génération, régénération, rédintégration et même cicatrisation sont des aspects du même phénomène, des manifestations variées d'un même agent, le *germe*.

Le germe est l'agent d'organisation et de nutrition par excellence ; il attire autour de lui la matière cosmique et l'organise pour constituer l'être nouveau. Toutefois le germe ne peut manifester sa puissance organisatrice qu'en opérant lui-même des combustions, des destructions organiques. C'est pourquoi il s'enferme dès son origine dans une cellule, la cellule de l'œuf, et s'y entoure de matériaux nutritifs élaborés qu'on appelle le *vitellus*.

La cellule-œuf, ainsi constituée par le germe et le vitellus, développe l'organisme nouveau en se segmentant et se divisant à l'infini en une quantité innombrable de cellules pourvues elles-mêmes d'un germe de nutrition. Ce germe cellulaire, qu'on appelle le *noyau* de la cellule, attire et élabore autour de lui les matériaux nutritifs spéciaux destinés aux combustions fonctionnelles de chacun des éléments de nos tissus ou de nos organes. Lorsque des phénomènes de rédintégration naturels ou accidentels surviennent, lorsqu'un nerf coupé par exemple se régénère et reprend ses fonctions, ce sont encore ces noyaux cellulaires qui, à l'instar du germe primordial dont ils dérivent, se divisent, se multiplient, pour reconstituer chez l'adulte les tissus nouveaux en répétant identiquement les procédés de la formation embryonnaire.

Tous les phénomènes si variés de régénération et de synthèse organiques ont pour caractère distinctif, nous l'avons déjà dit, d'être en quelque sorte invisibles à l'extérieur. Au silence qui se fait dans un œuf en incubation on ne pourrait soupçonner l'activité qui s'y déploie et l'importance des phénomènes qui s'y accomplissent ; c'est l'être nouveau qui en sortant nous dévoilera par ses manifestations vitales les merveilles de ce travail lent et caché.

Il en est de même de toutes nos fonctions ; chacune a pour ainsi dire son incubation organisatrice. Quand un acte vital se produit extérieurement, ses conditions s'étaient dès longtemps rassemblées dans cette élaboration silencieuse et profonde qui prépare les causes de tous les phénomènes. Il importe de ne pas perdre de vue ces deux phases du travail physiologique. Quand on veut modifier les actions vitales, c'est dans leur évolution cachée qu'il faut les atteindre ; lorsque le phénomène éclate, il est trop tard. Ici, comme partout, rien n'arrive par un brusque hasard ; les événements les plus soudains en apparence ont eu leurs causes latentes. L'objet de la science est précisément de découvrir ces causes élémentaires afin de pouvoir les modifier et maîtriser ainsi l'apparition ultérieure des phénomènes.

En résumé, nous distinguerons dans le corps vivant deux, grands groupes de phénomènes inverses : les phénomènes *fonctionnels* ou de dépense vitale, les phénomènes *organiques* ou de concentration vitale. La vie se maintient par deux ordres d'actes entièrement opposés dans leur nature : la combustion désassimilatrice, qui use la matière vivante dans les organes en fonction, la synthèse assimilatrice, qui régénère les tissus dans les organes en repos. Les agents de ces deux genres de phénomènes ne sont pas moins différents. La combustion vitale emprunte à l'extérieur l'agent général des combustions, l'oxygène, et à son défaut les *ferments* dont l'action désassimilatrice peut intervenir dans les profondeurs de l'organisme où l'air ne pénètre pas. La synthèse organisatrice au contraire possède un agent spécial, le germe proprement dit, ou les noyaux de cellules, germes secondaires qui en sont des émanations et qui se trouvent répandus dans toutes les parties élémentaires du corps vivant. Les conditions de la désassimilation fonctionnelle et celles de l'assimilation organique sont également séparées. Les mêmes agents de combustion qui usent l'édifice organique pendant la vie continuent à le détruire après la mort lorsque les phénomènes de régénération se sont éteints dans l'organisme. Il en résulte que tous les phénomènes fonctionnels accompagnés de combustion, de fermentation ou de dissociation organique peuvent s'accomplir aussi bien au dehors qu'au dedans des corps vivants. Grâce à cette circonstance, le physiologiste peut analyser les mécanismes vitaux à l'aide de l'expérimentation. Dans un organisme mutilé, il entretient artificiellement la respiration, la circulation, la digestion, etc., et il étudie les propriétés des tissus vivants séparés du corps. Dans ces parties disloquées, le muscle se contracte, la glande sécrète, le nerf conduit les excitations absolument comme pendant la vie ; toutefois, si les tissus isolés de l'ensemble de leurs conditions organiques peuvent s'user et fonctionner encore, ils ne peuvent plus se régénérer ; c'est pourquoi leur mort définitive devient alors inévitable. Les phénomènes de rénovation organique, contrairement aux phénomènes de combustion fonctionnelle, ne peuvent se manifester que dans le corps vivant, et chacun dans un lieu spécial ; aucun artifice n'a pu jusqu'à présent suppléer à ces conditions essentielles de l'activité des germes, d'être en leur place dans l'édifice du corps vivant. Si on se fondait sur les différences profondes que nous venons d'indiquer pour assigner dans l'économie un rôle vital indépendant à la combustion et à la régénération organique, on se tromperait grandement, car les deux ordres de phénomènes sont tellement solidaires dans l'acte de la nutrition, qu'ils ne sont pour ainsi dire distincts que dans l'esprit ; dans la nature, ils sont inséparables. Tout être vivant, animal ou végétal, ne peut manifester ses fonctions que par l'exercice simultané de la combustion vitale et de la synthèse organique. C'est sur ce terrain que devront se réunir et se concilier les écoles chimiques et anatomiques, car la solution du problème physiologique de la vie exige leur double concours.

Section IV

Nous avons poursuivi le phénomène caractéristique de la vie, la nutrition, jusque dans ses manifestations intimes ; voyons quelle conclusion cette étude peut nous fournir relativement à la solution du problème tant de fois essayé de la *définition de la vie*. Si nous voulions exprimer que toutes les fonctions vitales sont la conséquence nécessaire d'une combustion organique, nous répéterions ce que nous avons déjà énoncé : *la vie c'est la mort*, la destruction des tissus, ou bien nous dirions avec Buffon : la vie est un minotaure, elle dévore l'organisme. Si au contraire nous voulions insister sur cette seconde face du phénomène de la nutrition, que la vie ne se maintient qu'à la condition d'une constante régénération des tissus, nous regarderions la vie comme une *création* exécutée au moyen d'un acte plastique et régénérateur opposé aux manifestations vitales. Enfin, si nous voulions comprendre les deux faces du phénomène, l'organisation et la désorganisation, nous nous rapprocherions de la définition de la vie donnée par de Blainville : « la vie est un double mouvement interne de décomposition à la fois général et continu. » Plus récemment Herbert-Spencer a proposé la définition suivante : « la vie est la combinaison définie de changements hétérogènes à la fois simultanés et successifs ; » sous cette définition abstraite, le philosophe anglais veut surtout indiquer l'idée d'évolution et de succession qu'on observe dans les phénomènes vitaux. De telles définitions, tout incomplètes qu'elles soient, auraient au moins le mérite d'exprimer un aspect de la vie : elles ne seraient point purement verbales, comme celle de l'*Encyclopédie* : « la vie est le contraire de la mort, » ou encore celle de Béclard : « la vie est l'organisation en action, » celle de Dugès : « la vie est l'activité spéciale des êtres organisés, » ce qui revient à dire : la vie, c'est la vie. Kant a défini la vie : « un principe intérieur d'action. » Cette définition, qui rappelle l'idée d'Hippocrate, a été adoptée par Tiedemann et par d'autres physiologistes. Il n'y a en réalité pas plus de principe intérieur d'activité dans la matière vivante que dans la matière brute. Les phénomènes qui se passent dans les minéraux sont certainement sous la dépendance des conditions atmosphériques extérieures ; mais il en est de même de l'activité des plantes et des animaux à sang froid. Si l'homme et les animaux à sang chaud paraissent libres et indépendants dans leurs manifestations vitales, cela tient à ce que leur corps présente un mécanisme plus parfait qui lui permet de produire de la chaleur en quantité telle qu'il n'a pas besoin de l'emprunter nécessairement au milieu ambiant. En un mot, la spontanéité de la matière vivante n'est qu'une fausse apparence. Il y a constamment des principes extérieurs, des stimulants étrangers qui viennent provoquer la manifestation des propriétés d'une matière toujours également inerte par elle-même.

Nous bornerons ici ces citations, que nous pourrions multiplier à l'infini sans trouver une seule définition complètement satisfaisante de la vie. Pourquoi en est-il ainsi ? C'est qu'à propos de la vie il faut distinguer le mot de la chose elle-même. Pascal, qui a si bien connu toutes les faiblesses et toutes les illusions de l'esprit humain, fait remarquer qu'en réalité les vraies définitions ne sont que des créations de notre esprit, c'est-à-dire des *définitions de noms* ou des conventions pour abréger le discours ; mais il reconnaît des mots primitifs que l'on comprend sans qu'il soit besoin de les définir.

Or le mot *vie* est dans ce cas. Tout le monde s'entend quand on parle de la vie et de la mort. Il serait d'ailleurs impossible de séparer ces deux termes ou ces deux idées corrélatives, car ce qui vit, c'est ce qui mourra, ce qui est mort, c'est ce qui a vécu. Quand il s'agit d'un phénomène de la vie comme de tout phénomène de la nature, la première condition est de le connaître ; la définition ne peut être donnée qu'*a posteriori*, comme conclusion résumée d'une étude préalable ; mais ce n'est plus là, à proprement parler, une définition ; c'est une vue, une conception. Il s'agira donc pour nous de savoir quelle conception nous devons nous former des phénomènes de la vie aujourd'hui dans l'état actuel de nos connaissances physiologiques.

Cette conception a varié nécessairement avec les époques et suivant les progrès de la science. Au commencement de ce siècle, un physiologiste français, Le Gallois, publiait encore un volume d'expériences : *sur le Principe de la vie et sur le siège de ce principe.*

On ne cherche plus maintenant le siège de la vie ; on sait qu'elle réside partout dans toutes les molécules de la matière organisée. Les propriétés vitales ne sont en réalité que dans les cellules vivantes, tout le reste n'est qu'arrangement et mécanisme. Les manifestations si variées de la vie sont des expressions mille et mille fois combinées et diversifiées de propriétés organiques élémentaires fixes et invariables. Il importe donc moins de connaître l'immense variété des manifestations vitales que la nature semble ne pouvoir jamais épuiser que de déterminer rigoureusement les propriétés de tissus qui leur donnent naissance. C'est pourquoi aujourd'hui tous les efforts de la science sont dirigés vers l'étude histologique de ces infiniment petits qui recèlent le véritable secret de la vie.

Aussi loin que nous descendions aujourd'hui dans l'intimité des phénomènes propres aux êtres vivants, la question qui se présente à nous est toujours la même. C'est la question qui a été posée dès l'antiquité au début même de la science : la vie est-elle due à une puissance, à une force particulière, ou n'est-elle qu'une modalité des forces générales de la nature ? en d'autres termes, existe-t-il dans les êtres vivants une force spéciale qui soit distincte des forces physiques, chimiques ou mécaniques ? Les vitalistes se sont toujours retranchés dans l'impossibilité d'expliquer physiquement ou mécaniquement tous les phénomènes de la vie ; leurs adversaires ont toujours répondu en réduisant un plus grand nombre de manifestations vitales à des explications physico-chimiques bien démontrées. Il faut avouer que ces derniers ont constamment gagné du terrain et qu'à notre époque surtout ils en gagnent chaque jour de plus en plus. Arriveront-ils ainsi à tout ramener à leurs théories et ne restera-t-il pas malgré leurs efforts un *quid proprium* de la vie qui sera irréductible ? C'est le point qu'il s'agit d'examiner. En analysant avec soin tous les phénomènes vitaux dont l'explication appartient aux forces physiques et chimiques, nous refoulerons le vitalisme dans un domaine plus circonscrit et dès lors plus facile à déterminer.

Des deux ordres de phénomènes nutritifs qui constituent essentiellement la vie et qui sont l'origine de toutes ses manifestations sans exception, il en est un, celui de la destruction, de la désassimilation organique, qui rentre complètement dès maintenant dans les actions chimiques ; ces décompositions dans les êtres vivants n'ont rien de plus ou moins mystérieux que celles qui nous sont offertes par les corps inorganiques. Quant aux phénomènes de genèse organisatrice et de régénération nutritive, ils paraissent au premier abord d'une nature vitale tout à fait spéciale, irréductibles aux actions chimiques générales ; mais ce n'est encore là qu'une apparence, et pour bien s'en rendre compte il faut considérer ces phénomènes sous le double aspect qu'ils présentent d'une synthèse chimique ordinaire et d'une évolution organique qui s'accomplit. En effet, la genèse vitale comprend des phénomènes de synthèse chimique arrangés, développés suivant un ordre particulier qui constitue leur évolution. Il importe de séparer les phénomènes chimiques en eux-mêmes de leur évolution, car ce sont deux choses tout à fait distinctes. En tant qu'actions synthétiques, il est évident que ces phénomènes ne relèvent que des forces chimiques générales ; en les examinant successivement un à un, on le démontre clairement. Les matières calcaires qu'ont rencontre dans les coquilles des mollusques, dans les œufs des oiseaux, dans les os des mammifères, sont bien certainement formées selon les lois de la chimie ordinaire pendant l'évolution de l'embryon. Les matières grasses et huileuses sont dans le même cas, et déjà la chimie est parvenue à reproduire artificiellement dans les laboratoires un grand nombre de principes immédiats et d'huiles essentielles, qui sont naturellement l'apanage du règne animal ou végétal. De même les matières amylacées qui se développent dans les animaux et qui se produisent par l'union du carbone et de l'eau sous l'influence du soleil dans les feuilles vertes des plantes, sont bien des phénomènes chimiques les mieux caractérisés. Si pour les matières azotées ou albuminoïdes les procédés de synthèse sont beaucoup plus obscurs, cela tient à ce que la chimie organique est encore trop peu avancée ; mais il est bien certain néanmoins que ces substances se forment par les procédés chimiques dans les organismes des êtres vivants. A la vérité, on peut dire que les agents des synthèses organiques, les germes et les cellules, constituent des agents tout à fait exceptionnels. On pourrait, dire de même pour les phénomènes de désorganisation que les ferments sont aussi des agents particuliers aux êtres vivants. Je pense quant à moi que c'est là une loi générale et que les phénomènes chimiques dans l'organisme sont exécutés par des agents ou des procédés spéciaux ; mais cela ne change rien à la nature purement chimique des phénomènes qui s'accomplissent et des produits qui en sont la conséquence.

Après avoir examiné la synthèse chimique, arrivons à l'évolution organique. Les agents des phénomènes chimiques dans les corps vivants ne se bornent pas à produire des synthèses chimiques de matières extrêmement variées, mais ils les organisent et les approprient à l'édification morphologique de l'être nouveau. Parmi ces agents de la chimie vivante, le plus puissant et le plus merveilleux est sans contredit l'œuf, la cellule primordiale qui contient le germe, principe organisateur de tout le corps. Nous n'assistons pas à la création de l'œuf *ex nihilo*, il vient des parents, et l'origine de sa virtualité évolutive nous est cachée ; mais chaque jour la science remonte plus haut vers ce mystère. C'est par le germe, et en vertu de cette sorte de puissance évolutive qu'il possède, que s'établissent la perpétuité des espèces et la descendance des êtres ; c'est par lui que nous comprenons les rapports nécessaires qui existent entre les phénomènes de la nutrition et ceux du développement. Il nous explique la durée limitée de l'être vivant, car la mort doit arriver quand la nutrition s'arrête, non parce que les aliments font défaut, mais parce que l'enchaînement évolutif de l'être est parvenu à son terme, et que l'impulsion cellulaire organisatrice a épuisé sa vertu.

Le germe préside encore à l'organisation de l'être en formant, à l'aide des matières ambiantes, la substance vivante et en lui donnant les caractères d'instabilité chimique qui deviennent la cause des mouvements vitaux incessants qui se passent en elle. Les cellules, germes secondaires, président de la même façon à l'organisation cellulaire nutritive. Il est bien évident que ce sont des actions purement chimiques ; mais il est non moins clair que ces actions chimiques en vertu desquelles l'organisme s'accroît et s'édifie s'enchaînent et se succèdent en vue de ce résultat qui est l'organisation et l'accroissement de l'individu animal ou végétal. Il y a comme un dessin vital qui trace le plan de chaque être et de chaque organe, en sorte que, si, considéré isolément, chaque phénomène de l'organisme est tributaire des forces générales de la nature, pris dans leur succession et dans leur ensemble, ils paraissent révéler un lien spécial ; ils semblent dirigés par quelque condition invisible dans la route qu'ils suivent, dans l'ordre qui les enchaîne. Ainsi les actions chimiques synthétiques de l'organisation et de la nutrition se manifestent comme si elles étaient dominées par une force impulsive gouvernant la matière, faisant une chimie appropriée à un but et mettant en présence les réactifs aveugles des laboratoires, à la manière du chimiste lui-même. Cette puissance d'évolution immanente à l'ovule qui doit reproduire un être vivant embrasse à la fois, ainsi que nous le savons déjà, les phénomènes de génération et de nutrition ; les uns et les autres ont donc un caractère évolutif qui en est le fond et l'essence.

C'est cette puissance ou propriété évolutive que nous nous bornons à énoncer ici qui seule constituerait le *quid proprium* de la vie, car il est clair que cette propriété évolutive de l'œuf, qui produira un mammifère, un oiseau ou un poisson, n'est ni de la physique, ni de la chimie. Les conceptions vitalistes ne peuvent plus aujourd'hui planer sur l'ensemble de la physiologie. La force évolutive de l'œuf et des cellules est donc le dernier rempart du vitalisme ; mais en s'y réfugiant, il est aisé de voir que le vitalisme se transforme en une conception métaphysique et brise le dernier lien qui le rattache au monde physique, à la science physiologique. En disant que la vie est l'idée directrice ou *la force évolutive de l'être*, nous exprimons simplement l'idée d'une unité dans la succession de tous les changements morphologiques et chimiques accomplis par le germe depuis l'origine jusqu'à la fin de la vie. Notre esprit saisit cette unité comme une conception qui s'impose à lui, et il l'explique par une force ; mais l'erreur serait de croire que cette force métaphysique est active à la façon d'une force physique. Cette conception ne sort pas du domaine intellectuel pour venir réagir sur les phénomènes pour l'explication desquels l'esprit l'a créée ; quoique émanée du monde physique, elle n'a pas d'effet rétroactif sur lui. En un mot, la force métaphysique évolutive par laquelle nous pouvons caractériser la vie est inutile à la science, parce qu'étant en dehors des forces physiques elle ne peut exercer aucune influence sur elles. Il faut donc ici séparer le monde métaphysique du monde physique phénoménal qui lui sert de base, mais qui n'a rien à lui emprunter. Leibniz a exprimé cette délimitation dans des paroles que nous rappelions au début de cette étude ; la science la consacre aujourd'hui.

En résumé, si nous pouvons définir la vie à l'aide d'une conception métaphysique spéciale, il n'en reste pas moins vrai que les forces mécaniques, physiques et chimiques sont seules les agents effectifs de l'organisme vivant, et que le physiologiste ne peut avoir à tenir compte que de leur action ; Nous dirons avec Descartes : on pense métaphysiquement, mais on vit et on agit physiquement.

ISBN : 978-1722297985

www.ingramcontent.com/pod-product-compliance
Lightning Source LLC
Chambersburg PA
CBHW070931220526
45468CB00005B/1739